異國風 素食料理

蘇鼎雅・吳宜桓　著

目 錄

CONTENTS

米、麵食

目 錄

香草果醬

推薦序

　　臺灣人很懂吃，天上飛的地上爬的，海裡游的，無所不吃。臺灣人對異國風味料理的接受度相當高，街上林立許多異國風味料理，無論是泰國、韓國、日本、美國、法國、義大利、葡萄牙……五花八門的料理，令人目不暇給。喜歡吃的朋友有福了，蘇鼎雅老師再度展現其廚藝長才，告訴大家怎麼自己做異國料理。蘇鼎雅老師對臺灣各區域所生產的草本香料以及蔬菜水果十分了解，也能充分運用臺灣特有的區域性特殊食材，去發展各式異國料理，而我也很榮幸向大家推薦這本富有臺灣味的異國創意素食料理。

　　吃素的理由或許傳統，但是，蘇老師告訴大家吃素的方法可以很時尚，也可以充滿異國風情的；唯有以開放的心去接受，跳脫素食的框架去感受新式的素食料理，才能吸引非素食者也願意嚐試。

　　我一直不斷的在嚐試新式素食料理，希望透過不同的料理方式，增加素食料理的變化，也不斷的開發各式素食異國香料入菜，讓新式的素食文化可以推廣到各種不同的餐飲體系中。我不希望讓吃素變成次等的選擇，而是成為最健康和養生的最佳選擇。吸引更多葷食者，調整其飲食習慣而獲得健康。

　　透過蘇老師的異國風料理書實際操作，讓吃素不再只能選擇吃素魚或素雞，而是將臺灣的特色蔬果與異國料理結合，變化出更多元的素食餐點，更多樣化的飲食選擇，讓吃素不再單調乏味。

　　親自動手做，不但可以掌握營養均衡，更可以吃的安心放心，讓吃素變成一件很開心的事，體驗異國風味與樂趣更是一大享受。

i-veg 愛之素創意料理　總經理

邱秋月

序

跳出框架，做個料理魔術師

當我愈深入臺灣各地區，無論是上山下海、偏遠地區或是原住民部落等，愈是瞭解臺灣豐富的植物、水果、蔬菜等；和學員們一起分享、學習，教學相長之下，我好喜歡這份工作！「教學，我當它是工作，也是興趣！」在遊歷各地教學的過程中，各地的人文、景物、食材、生活習慣及用語等，無一不豐富了我料理的內容。

我常對學員說：「老師的心中沒有固定的食譜，只有移動式的食譜」。因為固定化的東西是枷鎖，當你跳脫框架之後，你的心是自由、無限的，可以發揮更

大的潛能！做料理也一樣，或許我們小時候從母親那兒已學得一手好料理，長大後對吃也頗有研究；有了長時間累積固定化的料理習慣，要如何在既定的習慣下展現創意，是值得思考的。

近年來外來民族的融合，使得原本就很豐富的臺灣飲食文化變得更為熱鬧和多元。異國風的竄起已然形成一股風潮，加上「節能減碳‧愛地球」的口號和宣傳、週一無肉日的計劃，讓全世界都動起來。為了響應如此重要的議題，加上我是個素食行動家，因此整理了教學講義，做成一道道好吃的異國風料理！希望提供給普羅大眾一個新的素食概念，利用本地的食材、搭配香草植物或新鮮香料，一樣可以做出很異國風味道的臺灣素食，讓素食吃起來健康美味又特別。希望大家喜歡本書並分享給更多人！

美味素食健康吃

我在偶然機緣下，認識了鑽研素食近十多年的松珍公司總經理—邱秋月女士，她相當講究食物的營養及色、香、

味俱全，以健康味美為料理導向。邱總經理所經營的松珍生物科技公司通過ISO 22000及HACCP的雙重驗證，所生產的素食產品兼具營養、健康、自然、美味及養生。邱總嚴格要求原物料品質及製程中所使用的水及油脂等細節的注重，用心且認真去做每一樣素食品，希望給大家一個安全、安心且美味的植物素食製品，改變消費大眾對素食加工品的不信任感。

前些日子在一次聚會中我與邱總提及近期內要開發異國風素食創意料理並且集結成書，邱總義不容辭的情義相挺，願意提供所生產的素食食材，如素牛排、雞胸肉、素小蝦等。邱總提供的食材搭配我所開發的異國風醬汁，竟然是那麼的完美，有著渾然天成之感。我的學員們吃過以後驚呼「沒想到素食可以做的那麼好吃！改變了對素食的觀感。」

吃素食並非僅有宗教的因素，可以是為了自身的健康，也可以為了愛護動物，更可以為了地球暖化而吃素。另外，使用不同的異國風料理方式，素食也可以很美味及多樣化。我很樂意與大家一起推廣創意素食料理，讓大家一起來愛地球，愛自己，愛健康，愛吃素！

異國料理在臺灣

學生常問我，什麼是異國料理？我會回答：臺灣本島之外的料理方法，就是異國料理。每個國家都有各自的食材和歷史背景(包括香草植物和特殊香料)，交織成豐富的飲食文化。由於交通便利、國際貿易的往來，電腦資訊的發達和傳遞快速，想要吃到各國料理、學習多國的食譜更是件容易的事。不過值得探討的是異國料理為什麼會流行？它的味道如何？是否人人都接受？國人要如何調理它，才會

變成臺灣式的異國料理。而吃素的人經常是一成不變的食材和烹調方法，如何將食材作變化進而豐富素食的菜色，是很重要的，不妨讓這本書帶著大家一起來探索。

異國料理的主要味道

酸、甜、鹹、香、辣是異國料理的主要味道。香料和香草植物的廣泛運用更是異國料理的主要特色。東南亞和中亞地區的國家由於氣候炎熱，因此他們的飲食習慣必須使用極酸、偏甜和重口味的香料來調理以增加食慾，創造出東南亞和中亞國家酸甜、香辣的料理品牌。在臺灣，大街小巷更是到處可見越式、泰式、韓式、印尼、印度的小吃店或餐廳林立，可見它受歡迎的程度。

另一個異國料理的主流代表則是歐美國家他們生產可食性的花朵和香草及部分辛香料，融合著奶香味，有著獨特的飲食歷史。當然囉，每個地方、每個國家，因為環境、傳承歷史和習性，才會有學不完的知識和學問，供我們追尋和探討。用一顆進取的心、開闊的視野，放手尋找我們想要的，不管是吃、喝、玩、樂……。

烹調異國料理的要點

「抓住味道的重點，搭配圓潤的口感」，這是我想告訴大家的。當你對任何的料理有興趣時，甚至開始動手要做它，必須先瞭解這個國家的飲食特色，方能下手。若不想這麼麻煩，也可從酸、甜、鹹、香、辣等幾個味道，給自己一個方向，再針對食材、烹調的方法(蒸、煮、炒、炸、焗烤、涼拌、煨、滷等)，不管是主菜或點心，方法都一樣。譬如你想突顯酸的味道，加入甜味和香味來搭配就OK了。新鮮食材的酸、甜、苦、辣、香，正好可讓自己大顯身手，多瞭解食材的特色成分和味道，是對自己製作好料理最大的幫助。

做一位真正的料理達人

前提是，要有基礎。基礎可能來自小時候媽媽的教導，也可能長大後向別人學習，或者是由媒體、食譜雜誌上獲得。

有了這些基礎，再來就是興趣和不斷的學習、研究和創新。由於各國的環境、溫度與生長的農產品不一樣，加上民族習慣不同，所以千奇百怪的料理方法實在是非常精彩。因此旅遊也成了你想創作更多料理作品很重要的一環。

　　有了上述穩穩的基礎和閱歷，當你在操作任何的料理作品時，不能被固定的食材限制自己，而失去了靈活的巧思，必須訓練自己所有的蔬菜水果到自己手中，都能夠創造美味，訓練自己不要設限，不要排斥任何食材，加上基礎和努力，無論是美國、法國、義大利、新加坡料理，它都不是問題。你，就是料理魔術師！

蘇鼎雅

涼拌菜&泡菜
Cold dishes & Pickles

把蔬果浸泡醃漬或者淋上鮮甜醬汁，
冰鎮過後送入口中，涼醒唾腺，
準備展開美味巡禮。

日式芝麻蕃茄

材料

小蕃茄300g。

調味料

黑芝麻粉4大匙,清醬油2小匙,
細砂糖1.5大匙或適量,薑末1.5小匙。

作法

1.小蕃茄去蒂切半備用。

2.調味料拌勻,加入切半的小蕃茄攪拌均勻即可。

TIPS

❶ 增加異國風情與色相,可加入薄荷葉和檸檬汁。

❷ 黑芝麻粉可改用黑芝麻粒爆香後再搗碎,香氣更濃。

紫蘇海珍寶

材料

紅、綠藻各20g，紅色珊瑚草10g，
海帶芽30g，紅椒末1小匙。

調味料

1.梅汁2大匙，純釀醬油2大匙，味醂1大匙，
　梅醋2大匙，糖1大匙，新鮮紫蘇葉10g，紫蘇梅6-8顆。

2.香油1小匙，辣油1/2小匙，白芝麻1小匙。

作法

1.材料分別用水泡開，並以冷開水沖洗、冰鎮，以保持脆度。

2.調味料1煮開冷卻後，與作法1混合並拌入調味料2即可。

┌─ TIPS ─────────────
│
│ ❶涼拌菜需入冰箱冷藏約1小
│ 　時，吃起來比較爽口。
│
│ ❷作品的食材在傳統市場皆可
│ 　買到。
│
└────────────────────

蜜香水果沙拉

材料

芒果半顆，香瓜半顆，奇異果2顆，香蕉1條，
小蕃茄5顆，葡萄乾40g。

醬汁

百香果汁(3顆量)，蜂蜜3大匙，原味優格3大匙，
香蜂草3株。

作法

1.所有材料洗淨去皮，切丁狀，放入深盤。
2.醬汁的材料調合後，淋在水果上即可。

TIPS

❶醬汁的酸甜口味隨自己調整。

❷香蜂草與薄荷的香味類似，而香蜂草氣味清香，薄荷屬於涼香之氣。

香菜涼拌珊瑚草

材料

紅、綠藻各10g，珊瑚草15g，辣椒(絲)1條，
香菜2株，芹菜末少許。

調味料

和風醬2大匙，高湯1小匙，味酥1匙，
香油1匙，辣油1匙。

TIPS

❶此道料理健康零負
擔，還可添加水果丁
增添色彩，吸收雙倍
營養！

作法

1.珊瑚草用水泡一天一夜(應3-4小時換一次水，加速珊瑚草膨脹的速度)。

2.綠藻泡水5分鐘，紅藻10分鐘，用開水反覆洗淨2-3次後建議冷藏2小時，
　口感較脆。食用時拌入調味料及香菜末、芹菜末即可。

黃金醬淋鮮蔬

材料

蘆筍3支，筊白筍1支，秋葵5支。

醬汁

金桔醬3大匙，百香果汁1顆量，味噌1大匙，
糖1大匙，檸檬汁1小匙。

作法

1. 材料分別汆燙後泡冷開水保持鮮脆度，食用時再
   撈起瀝乾放在盤中。
2. 將醬汁拌勻後淋在蔬菜上即可食用。

西瓜棉泡菜

材料

西瓜白1斤,鹽適量,
洛神花(乾品或醃漬皆可)60g。

調味醬汁

水果醋150c.c,梅汁100c.c,糖200g。

TIPS

❶西瓜吃完後留白的部分不
要丟掉,可加工製作成泡
菜,相當美味。

❷西瓜性冷,但西瓜白的部
分屬於中性,快動手試試
新式的調理方式吧!

作法

1.西瓜白去皮後切0.3-0.5cm厚度,抓鹽使之
　軟化。約半小時後以冷開水沖洗再瀝乾備用。

2.調味醬汁和洛神花煮開後放涼,與作法1互拌泡醃,冷藏一個晚上即可。

青木瓜香芬泡菜

材料

1.青木瓜半顆，鹽適量。

2.醃梅12顆，百香果2顆，小蕃茄5顆。

3.薄荷葉2株，九層塔2株，香菜1株。

4.花生碎2大匙。

TIPS

❶涼拌菜建議冷藏約1小時後再灑上花生碎，口感更佳。

醬汁

水果醋3大匙，蜂蜜3大匙，橄欖油2大匙，鹽1/2小匙，粗顆粒黑胡椒1/2小匙。

作法

1.青木瓜去皮去籽後切0.2cm薄片，抓鹽靜置20分，再用冷開水沖後瀝乾水分。

2.將材料2、3洗淨切片並剝葉子後，和青木瓜拌合一起，淋上醬汁再次拌合使之入味，最後灑上花生碎。

甜菜根南薑泡菜

材料

甜菜根1顆(300g)，醃梅15顆。

醬汁

梅汁2.5大匙，南薑片3-5片，糯米醋2.5大匙，味醂2.5大匙，米酒2.5大匙，純釀醬油2.5大匙，冰糖1大匙。

作法

1.甜菜根削皮切薄片，入沸水汆燙約10秒鐘後撈起瀝乾，吹涼備用。

2.醃梅加上醬汁一起煮滾後吹涼。

3.將作法1、2一起置入玻璃罐後冷藏，隔天即可食用。

香草綜合根莖泡菜

材料

大白菜半顆，白、紅蘿蔔各半條，鹽適量，
刺蔥葉12片(刺蔥粉亦可)。

醬汁

桑椹醋120c.c，糖80g，味酥3大匙，醬油2大匙。

調味料

香油1小匙。

作法

1. 大白菜取梗的部分，和紅、白蘿蔔切成1x5cm的長度，用適量的
   鹽抓醃15分使之軟化，再用冷開水沖洗後瀝乾水分備用。白蘿蔔
   最好用石頭壓一個晚上會更好吃。
2. 醬汁煮好後放涼，與作法1泡醃一個晚上後冷藏，口感清爽香
   脆。
3. 食用時，將洗淨的刺蔥葉切碎互拌，淋上香油，風味獨特！

TIPS

❶刺蔥葉為香料葉，因全株有刺所以不討喜，產自山上或自家種植。

南瓜梅子泡菜

材料

1. 南瓜1斤。
2. 陳年醋150c.c，冰糖300g，話梅50g(煮開)，梅汁100c.c，紫蘇梅12顆。

作法

1. 將南瓜刨片(或切薄片)，入滾沸水汆燙立即撈起，再攤開冷卻。
2. 材料2煮開並冷卻後，與作法1一起裝瓶擺冰箱冷藏。

┌ TIPS ─────────

❶ 可將滾燙熱水直接淋在南瓜上，冷卻後再與醬汁一起泡醃，需放冰箱冷藏，口感清爽。

❷ 拌入薄荷葉和檸檬皮末，即是濃郁的異國風味泡菜。

鮮食料理
Fresh food

以鮮蔬搭配各式素料，

煎、煮、燉、焗，

誘發食材原味，

咀嚼回歸自然的感動。

香椿樹子苦瓜

材料

苦瓜1條，福菜150g，香椿醬2大匙，
紅辣椒1條，沙拉油。

調味料

醬油100c.c，水400c.c，糖50g，
豆瓣醬2大匙，破布子醬2大匙。

作法

1.苦瓜洗淨橫切4等分，福菜用水洗淨泡在水中約10分鐘，吐
　去鹽的水含量，瀝乾後切成1cm寬度，和苦瓜分別在油鍋中
　炸至金黃、香濃，撈起備用。

2.將調味料拌好入鍋煮開，將炸好之苦瓜、福菜和香椿醬放入
　鍋中，煮開後蓋上鍋蓋，用中火燜煮至熟軟，起鍋食用時可
　加適量香油或麻油，灑上香菜口感更好！

香滷豆干

材料

香草包1包(材料：月桂葉3-5片，肉桂，桂枝，花椒，小茴香)，
四方豆干5塊，鹽適量。

內餡料

鹹菜200g，薑絲30g，糖1大匙，辣椒1條，
豆瓣醬2小匙，香油1小匙。

配料

花生粉3大匙，糖粉3大匙，香菜3株。

作法

1. 香草包 + 四方豆干 + 水1,200c.c + 鹽1小匙煮約半小時後，豆干浸泡於滷汁一個晚上。
2. 隔天食用時再溫熱即可。

內餡料

作法

1. 將鹹菜洗淨用糖醃約半小時，稍微入味後起油鍋，與老薑、辣椒一起爆香並加入作法1拌炒熟透後，加入豆瓣醬調味，再加香油即可。
2. 拌好花生粉和糖粉，香菜洗淨。
3. 將溫熱後的四方豆干中間劃一刀，夾入炒好的鹹菜，撒上作法2，即為好吃又新潮的香草豆干。

香根蛋

材料

1.蛋20個。

2.當歸、杜仲、川芎、甘草、花椒、八角各1錢，紅茶葉半碗，
  乾辣椒1碗。

香料

馬告根3株，檸檬根3株，紅梗九層塔梗1把。

調味料

素高湯100c.c，醬油1杯，鹽1大匙，水6杯。

作法

1.將蛋放入適量的冷水(加鹽)，水煮開轉小火將蛋煮熟後放涼，再
  取出來用湯匙將蛋敲裂。

2.另取一鍋湯，加入香料和材料2、調味料煮沸後放入蛋，以中小
  火煮約40分熄火，浸泡24小時至入味。食用前再加熱更好吃。

TIPS

❶ 很多人對茶葉蛋相當喜愛，因此研發以香料樹的根部和中藥材來
  熬煮，是另一種方向。若無法取得馬告樹和檸檬根，用九層塔根
  即可。

辣味腰果菌菇

材料

猴頭菇10朵，腰果200g，紅辣椒2支，薑片3-4片，香菜2株，
九層塔2株。

調味料

1.素沙茶1大匙，醬油膏1小匙，料理酒1大匙，糖1大匙，
　辣油1小匙。
2.太白粉水2大匙，香油1小匙。

作法

1.腰果先用糖3大匙 + 水3杯煮滾後氽燙2分鐘撈起瀝乾，再用油炸
　至酥撈起瀝油備用。
2.紅辣椒去籽後切條狀，香菜洗淨切1cm寬度。
3.起油鍋放薑片爆香，入猴頭菇拌炒至金黃，再放紅辣椒條與調
　味料1翻炒數下，勾薄芡淋上香油，起鍋盛盤後灑上腰果和香
　菜、九層塔葉即可。

TIPS

❶猴頭菇在素料店可購買，大多已處理過方便調理。

綠花朵朵開

材料

綠花椰1顆，紫蘇葉(大)15片，牙籤數支。

醬汁

蕃茄醬3大匙，味噌1大匙，糖1大匙，味酥1大匙，薑末1大匙，醋1大匙。

TIPS

❶此道料理重點在醬汁調配，淋上特有香氣的紫蘇葉，簡單又好吃。

作法

1. 將綠花椰剝成1朵，根部削尖，投入滾燙加油加鹽的沸水氽燙後撈起泡冷水(或冰水)保持脆綠，使用時瀝乾水分。

2. 紫蘇葉洗淨後拭乾，將綠花椰捲起以牙籤固定，保留綠花的部分可突出面，在盤中排列成花瓣。

3. 調好醬汁放在小淺碗，置放在綠花瓣中央即完成。

大紅袍烤杏菇

材料

杏鮑菇3-5條，花椒粒1大匙，迷迭香1大匙，
洋香菜葉1/2大匙。

調味料

鹽1小匙，橄欖油2大匙，粗顆粒黑胡椒1/2小匙。

作法

1.乾鍋先將花椒粒、迷迭香爆香備用。
2.杏鮑菇洗淨切半後再斜切，用鹽抓醃軟化片刻，放在鋪有鋁箔紙的烤盤
　上，灑上花椒粒、迷迭香和調味料，放入預熱220˚C的烤箱烤約10分鐘即
　可取出。
3.食用時灑上巴西利末。

┌─ TIPS ──────
│
│ ❶ 大紅袍就是花椒
│　粒，在中藥行可購
│　買，有分普通級和
│　頂級。二種級數價
│　錢落差大，不過建
│　議讀者購買級數高
│　的大紅袍，烤出來
│　的香味才會香濃。

清蒸泡菜臭豆腐

材料

臭豆腐4塊，泡菜(含汁)150g，香菇2朵，火腿30g，紅蘿蔔50g，
毛豆1.5大匙，薑末1大匙，香菜2株。

調味料

八角3顆，香菇粉1小匙，高湯30c.c，糖1大匙，香油1小匙。

作法

1.乾香菇泡軟後切丁末，紅蘿蔔切細丁，火腿切丁，毛豆汆燙後
　備用。

2.起油鍋爆香八角、薑末、香菇、火腿丁，續放紅蘿蔔拌炒數下
　盛起備用。

3.深盤裡底層放泡菜，上放臭豆腐，淋上高湯後，除了毛豆將作
　法2放在臭豆腐上方，放到電鍋蒸熟。

4.起鍋時放入毛豆和香菜，淋上香油即可。

┌─ TIPS ─

❶臭豆腐有醃漬豆瓣醬汁和原味臭豆腐汁。讀者應選擇原味臭豆腐
　汁，比較能任意調理變化的味道。

銀芽豆包

材料

豆包3片，豆芽100g，紅甜椒1/3顆，素火腿50g，小黃瓜1條，
麵粉糊。

調味料

刺蔥粉1小匙，辣椒粉1/2小匙，醬油露1小匙，鹽1/2小匙，
粗顆粒黑胡椒1/2小匙。

沾醬

蕃茄醬。

作法

1. 炒鍋中加油，將切絲的紅甜椒、素火腿、小黃瓜及去頭尾的豆
   芽，拌入調味料快炒數下。
2. 豆包皮攤開，包入作法1捲起，封口沾麵粉糊後油炸至金黃即可
   撈起，食用時沾蕃茄醬。

TIPS

❶豆包是傳統的家常菜，只要稍經變化，加入刺蔥、葉子或任何的
香料粉，即是一道富有異國風之臺灣料理。

百里香蠔油香菇封

材料

新鮮大香菇3朵，百頁豆腐3片(1.5cm厚度)，
素鵝肉3片，薑片3片，水蓮菜3-5條，洋香菜葉。

調味料

1.香菇素蠔油3大匙，八角3顆，清水3大匙，
　五香粉1小匙，糖1小匙。
2.太白粉水，香油1小匙。

作法

1.水蓮菜汆燙後泡冷水備用。
2.將素鵝肉、百頁、香菇疊放整齊，綁上水蓮菜。
3.起油鍋爆香薑片、八角和調味料1，煮滾後放入作法2，蓋鍋蓋用小火
　煮15分後放入太白粉水，勾薄芡、淋上香油。食用時灑上洋香菜葉。

茴香茄煲

材料

素雞胸肉1片，茄子1條，素肉燥100g，
茴香1/3把，紅甜椒1/2顆，
薑5片，辣椒1條，香椿末1大匙。

調味料

1.醬油露3大匙，鹽1/2小匙，白胡椒粉1小匙，
　辣豆瓣醬1大匙，糖1小匙，料理米酒2大匙。

2.香油。

作法

1.素雞胸肉切塊後煎至香酥金黃，茴香洗淨切0.5cm長度，茄子、
　紅甜椒洗淨後滾刀法切片。

2.油鍋爆香薑片和香椿末，續放素肉燥和調味料、素雞胸肉翻炒數
　下，最後放入作法1之食材，蓋鍋燜5-8分鐘，起鍋前淋上香油。

奶油磨菇

材料

特大號磨菇(洋菇)200g，青豆仁2大匙，紅辣椒2條，牛蕃茄1顆。

調味料

1.蕃茄醬2大匙，素黑胡椒醬1大匙，奶油50g，起司片1片，鹽1/2小匙，
　香菇粉1小匙。

2.起司粉1小匙。

作法

1.青豆仁汆燙後泡冷開水，紅辣椒去籽後切丁末；牛蕃茄切片，磨菇洗
　淨後去蒂。

2.炒鍋裡放入奶油溶化，加調味料1使所有醬汁融合，投入磨菇煮8分
　鐘。

3.將瀝乾水分的青豆仁灑入拌炒數下即可盛起，擺放在牛蕃茄片墊底的
　盤子裡，最後用濾網均勻的將起司粉灑在磨菇上，配上紅辣椒丁末即
　完成。

TIPS

❶此道料理偏法式，重點在奶油起司，口感中充滿濃郁的奶香味。

馬鈴薯焗烤派

材料

馬鈴薯3顆，紅蘿蔔丁2大匙，毛豆1大匙，甜玉米1大匙，
素肉燥1大匙。

調味料

1.鹽1/2小匙，蔬菜粉1/2小匙，黑胡椒粉1/2小匙，紅辣椒1/2小匙。

2.比薩起司絲6大匙。

3.起司粉3大匙，紅辣椒片1小匙。

作法

1.烤盤鋪上鋁箔紙，抹上奶油，將烤箱預熱上下火250˚C。

2.馬鈴薯洗淨對切，中間挖一個洞，大約1/3的深度。集中挖出來的馬鈴
薯肉置於深碗中，和切對半的馬鈴薯一起放入蒸鍋蒸熟，取出後將對
切馬鈴薯放在烤盤上。

3.挖出的馬鈴薯肉搗成泥，與汆燙好的紅蘿蔔丁、毛豆、甜玉米、素肉
燥及調味料1拌勻，回填至馬鈴薯凹洞裡，鋪上比薩起司絲、灑上起
司粉，放入烤箱烤至金黃即可。

┌ TIPS ─

❶市面上販賣多種的起司粉，可任意選購。若在購買上不方便，可
以只選一種使用，效果一樣。做料理有時候不可以太執著，才能
發揮創意。

美人腿釀肉

材料

茭白筍3條，素肉燥3大匙，板豆腐1塊，
薑末1大匙，芹菜末1大匙，乾香菇2朵，
紅甜椒1/4顆，太白粉適量。

調味料

1.鹽1/2小匙，麻油1小匙，胡椒粉1小匙。
2.醬油露1大匙，鹽、糖各1小匙。

作法

1.將茭白筍中間切開一條縫備用。
2.乾香菇泡水軟化後切丁末，紅甜椒切丁末，與素肉燥、芹菜末、
　壓成泥的板豆腐、太白粉及調味料1充分攪拌均勻，回填至茭白筍
　縫，放在油鍋裡煎至半熟後備用。
3.另鍋中放油，入薑末爆香，加入調味料2和2大匙水，續放半熟的茭
　白筍燜煮3-5分鐘，入味後即可盛盤食用。

香椿醬炒四季豆

材料

四季豆1把，紅辣椒2條，薑末1大匙。

調味料

1.香椿醬2大匙 + 刺蔥粉1大匙，香菇粉1/2小匙。

2.鹽1/2小匙，粗顆粒黑胡椒1/2小匙。

作法

1.四季豆剝絲後切成8cm寬度，紅辣椒去籽後切條狀，約5cm寬度。

2.油鍋爆香薑末，放入調味料1和四季豆、紅辣椒片拌炒，最後放入調味料2即可盛盤。

TIPS

❶泰國與越南國家使用酸子醬、椰糖很多，今將臺灣的香椿醬和刺蔥粉一起加入，使異國風味有著濃濃的家鄉味。

❷香椿醬可以自製，也可以在素料店購得。刺蔥是臺灣山區的香料樹，可摘下來烘乾後打成刺蔥粉，其味道比外來之香料更香醇。

串烤鮮蔬肉

材料

綠花椰1顆，素雞胸肉1塊，長竹籤，花生碎1大匙。

醃汁

醬油露2大匙，鳳梨汁1大匙，薑黃粉1/2小匙，咖哩粉1小匙，
胡椒粉少許。

沾汁

椰奶2大匙，醬油露1小匙，糖1小匙，咖哩粉1大匙，
奶水2大匙，黑芝麻粒1/2小匙。

作法

1.素雞胸肉切塊，加入醃汁拌勻醃2小時。綠花椰取綠花部分，梗切短一點。

2.長竹籤串好素雞胸肉和綠花椰，放入預熱的烤箱220˚C烤15分，待呈金黃色即可取出。

3.花生碎與沾汁調勻，附在素肉串旁沾食。

TIPS

❶用咖哩醃汁，將素雞胸肉做不一樣口味的烘烤方式，供大家一個素的新吃法。

清蒸檸檬素魚片

材料

素魚排2片，薑3-5片，紅辣椒1條，檸檬葉3片，鳳梨4-6片，
牛蕃茄4-6片，迷迭香2支。

調味料

1.醬油露2大匙，蔭瓜汁1大匙，鹽1/2小匙，蔬菜粉1小匙。
2.香油1小匙，檸檬汁1大匙。

作法

土魠魚煎至金黃擺在深盤中，鳳梨切薄片，牛蕃茄對切後切薄片
相交錯鋪在魚片上，上放檸檬葉和迷迭香2株，淋上調味料1入蒸
鍋蒸熟，起鍋時放上切片的紅辣椒，淋上調味料2即可食用。

鬱金香粉拌炒素雞塊

材料

素雞塊6塊，鮮香菇2朵，紅蘿蔔60g，素蝦3隻，甜豆150g，
月桂葉3-5片，香茅10g，奶油30g。

調味料

1.鬱金香粉1大匙，咖哩粉2大匙，糖1小匙。
2.醬油露1大匙，鹽1/2小匙，香菇粉1小匙。
3.椰奶5大匙，檸檬汁1小匙。

作法

1.將鮮香菇、紅蘿蔔洗淨切塊備用，甜豆洗淨。
2.炒鍋裡放奶油溶化，加調味料1炒香，續放其他食材拌炒(甜豆不放)，
再加入調味料2和甜豆，最後放入調味料3拌炒至入味即可。

TIPS

❶月桂葉和肉桂葉不同品種，月桂葉是法國的香料樹，由於越南曾
是法國殖民地，因此越南和東南亞國家也常使用。

焗烤鮮蔬

材料

五穀飯250g，綠花椰菜1/3顆，鮮香菇1朵，紅甜椒1/4顆，南瓜60g，馬鈴薯80-100g，香椿末50g，奶油30g，起司絲適量。

調味料

1.鮮奶油1大匙，鹽少許，白胡椒粉少許。

2.巴西利末(新鮮)少許，起司粉適量。

作法

1.煮好五穀飯，蔬菜材料事先汆燙好後皆備用。

2.熱鍋中放入奶油，除了綠花椰菜，其他蔬菜加上香椿末，與調味料1拌炒後加入五穀飯和少量的起司絲互拌，盛入焗烤盤再撒上剩下的起司絲。

3.放入預熱的烤箱，上下火230˚C烤約5分鐘，待起司絲融化且上色後取出，最後撒上巴西里末、起司粉即可。

香辣雞腿佐青瓜醬汁

材料
香辣小雞腿6隻。

沾醬
青瓜醬汁。

作法
香辣小雞腿入油鍋煎至金黃後擺在盤上，切點水果作裝飾。食用時沾青瓜醬汁，搭配醬汁的蔬菜共同享用。

青瓜醬汁

材料
小黃瓜1條，黃、紅甜椒各1/4顆。

調味料
陳年醋60c.c，水125c.c，南薑2片，白糖125g，鹽1/2小匙，花生碎1小匙。

作法
1.將醬汁煮滾後冷卻備用。
2.小黃瓜去皮對切四等分，去籽再切大丁狀，抓鹽醃15分；紅、黃甜椒切絲汆燙後泡冷開水使之爽脆，最後再撈出瀝乾水分。
3.集合作法1、2，灑入花生碎，即是青瓜醬汁。

快炒素酸肉皮絲

材料

香酥肉80g，鹹菜2片，皮絲2片，紅蘿蔔絲50g，薑絲適量，
辣椒絲(1條)，木耳1大片，香菜2株，八角3-5顆。

調味料

糖1.5大匙，豆瓣醬1大匙，香菇1小匙，香油1小匙。

作法

1. 皮絲水煮過使軟化，去油漬後切絲，鹹菜事先汆燙後切絲；木耳、紅辣椒
   (去籽)分別切絲。

2. 炒鍋裡加油，爆香八角和薑絲，放入作法1、紅蘿蔔絲和香酥肉，加入調
   味料拌炒至熟，淋上香油，灑上香菜即可。

米、麵食
Rice & Flour products

紅、橙、藍、綠，

替白米和麵條穿上心愛的顏色，

以視覺佐味蕾，

來一場幸福饗宴。

香椿八寶飯

材料

白飯一碗，薑末1小匙，南瓜1.5大匙，
香菇1大匙，芋頭1大匙，紅甜椒1大匙，
青豆仁1大匙，松子1大匙，火腿丁1大匙。

調味料

腐乳泥汁2大匙，香椿醬1大匙，香菇粉1/2大匙，糖1大匙，
粗顆粒黑胡椒粉1/2大匙。

作法

1. 南瓜削皮後切丁，香菇切丁，紅甜椒切丁和青豆仁分別汆燙，芋頭削皮切丁，松子入乾鍋炒香備用。

2. 炒鍋裡加入適量的油，放入薑末和香菇丁、芋頭丁拌炒至香酥，續放南瓜丁、紅甜椒丁、調味料充分拌炒均勻，最後加入白飯、青豆仁、松子，將白飯炒至粒粒分開，灑上粗顆粒黑胡椒粉拌炒數下即可盛盤。

臺式蛋包飯

材料

蛋3顆，白飯半碗，素火腿丁2大匙，冷凍三色蔬2大匙，九層塔3株，蔬菜油。

調味料

蕃茄醬5大匙，醬油膏1小匙，鹽1/2小匙。

作法

1. 油鍋先放素火腿丁炒至香酥，投入調味料，再放入白飯拌炒均勻，最後加入預先汆燙的冷凍三色蔬翻炒數下，即可盛起備用。
2. 洗淨剝葉後的九層塔，切絲後放入蛋汁裡打散，倒入事先抹油的平底鍋煎成一片，待熟可翻面時，放炒飯在蛋中間，再將兩側的蛋皮捲上來，用鍋鏟壓平，翻倒過來，即是完好沒有破裂的蛋包飯。

TIPS

❶臺灣人習慣吃菜脯蛋和九層塔蛋，將九層塔蛋搭配蕃茄炒飯是不同的享受。九層塔也是異國料理常用的材料之一。

❷煎蛋的秘訣：

(1)需使用小的不沾鍋平底鍋，以方便蛋片厚度大小控制。

(2)不能猴急想翻蛋片，應等它熟了，外緣自然翹起，再等一下就可以放飯了。

臺式青醬紅麵

材料

紅麴麵1小匙,九層塔1大把,香菜葉3株量,
巴西利葉3株,松子100g。

調味料

橄欖油4大匙,鹽1/2小匙,粗顆粒黑胡椒1/2小匙。

作法

1.紅麴麵水煮後,撈起瀝乾加點橄欖油和一和放在盤中。

2.松子入乾鍋炒香後分一半。

3.九層塔葉、香菜葉、巴西利葉在滾燙的水中迅速氽燙撈起瀝乾,與一半的松子和調味料入調理機打勻,淋上紅麴麵上,再將另一半松子均勻灑在青醬汁上。

TIPS

❶此道料理利用三種香料葉,味道比較豐富,不妨嘗試更多香料葉,將有更大的進步空間。

❷完成的料理作品,也可以灑些起司粉。

義式果汁麵

材料

義大利麵1小把，柳丁汁200c.c，奶油30g，磨菇5-8顆，
紅甜椒1/4顆，青豆仁1大匙，豆皮絲1片，檸檬汁30c.c，
起司粉1大匙，巴西利末。

調味料

鹽1/4小匙，香菇粉1小匙，黑胡椒粉1/2小匙。

作法

1. 義大利麵入加鹽的沸水，水煮至熟撈起瀝乾水分備用。
2. 鍋中放奶油溶化，將洗淨後的磨菇(切片)、豆皮絲(切丁)一起
   拌炒，依序放入柳丁汁、紅甜椒、調味料和檸檬汁、義大利
   麵拌勻，起鍋前拌入起司粉和氽燙好的青豆仁，巴西利末即
   可盛起。

TIPS

❶ 此道料理適合養生族群，對於葷食者是新的考慮方向。

❷ 果汁可用很多種你喜愛的水果代替，如：蕃茄汁、奇異果汁、桑
   椹汁、芒果汁、鳳梨汁等，都是不錯的選擇。

香刺蔥大餅

材料

1.中筋麵粉550g，全麥粉50g，沙拉油適量，塑膠袋(5斤)。

2.水500c.c，乾酵母粉5g，鹽5g，糖(量杯)2/3杯，各類堅果200g，
　肉桂葉末1大匙，刺蔥粉2大匙。

作法

1.材料2放入塑膠袋靜置5分鐘，陸續把麵粉、全麥粉倒入，揉合發
　酵1時40分。

2.壓掉袋內空氣，放入不沾鍋內，蓋上鍋蓋醒麵40分。

3.打開鍋蓋，放入少許沙拉油，用最小火烤12分，翻面再烤12分。

TIPS

❶若用烤箱，得先預熱220˚C烤約10分，翻面再用230˚C烤12分。

❷水果乾可加入堅果類，以增加口感的豐富度。

泡菜麵潛艇堡

材料

長條型法式麵包1個，漢堡葉1大片，
泡菜150g，素牛排1片，紅、黃甜椒各1/4顆，
泡麵1包，蔬菜油。

調味料

糖1大匙，香菇粉1/2小匙。

作法

1. 泡麵用沸水汆燙一下迅速撈起。長條型法國麵包中間劃長刀，擺上一大片洗淨後並拭乾的漢堡葉。

2. 油鍋投入切條絲狀的素牛排和泡菜拌炒，續加紅、黃甜椒絲與調味料，最後放入泡麵翻炒數下，使泡麵和食材充分融合。盛起後放在漢堡葉的中間，即是一道獨特的韓式料理。

TIPS

❶ 此道料理中的泡麵可用油麵替代，但我個人認為泡麵的Q度比較適合這道料理，讀者可自行變換。

酸辣湯餃

材料

1.市售素水餃10顆。
2.蛋2顆，酸筍絲120g，牛蕃茄2顆，鮮香菇2朵，豆腐1小塊，香菜3株，蔬菜油。

湯底香料

馬告梗粒2株，檸檬葉8片，薑5片，香茅2株，辣椒2條，水2,000c.c，高湯50c.c。

調味料

糖1.5大匙，香菇粉1小匙，醋150c.c，辣油1小匙，香油1小匙，粗顆粒黑胡椒1/2小匙，太白粉或地瓜粉適量。

作法

1.市售水餃蒸熟(或水煮)至熟後備用。
2.酸筍絲氽燙去酸汁，牛蕃茄對切後切0.2cm薄片，香菇、豆腐切絲，香菜切末備用。
3.湯底事先熬約40分後濾渣，剩下湯底。
4.油鍋倒入香菇炒香，再放入酸筍絲拌炒後投入湯底一起煮滾；依序放入豆腐、調味料、太白粉勾芡後，利用大火將蛋液用漩渦式的放入使成蛋花，最後加入牛蕃茄，即可熄火。
5.食用時，加入事先煮熟的水餃。

椰汁糯米飯

材料

長糯米1米量杯，椰汁1.5量杯，糖20g，橄欖油數滴，白芝麻10g，
松子25g，葡萄乾1大匙。

調味料

椰粉10g。

作法

1.長糯米洗淨泡水約4-6小時，瀝乾水分後放入椰汁入電鍋煮熟。

2.白芝麻搗碎，和松子入乾鍋炒香，加上椰粉和一和備用。

3.煮好的作法1趁熱加上白芝麻、椰粉、糖充分攪拌均勻，灑上松子、
葡萄乾即大功告成。

TIPS

❶糯米屬高澱粉、蛋白質的穀類，所以水量需多加一點，才不致太
硬。

❷原住民風味的糯米飯，只要再放入紅豆一起煮，即可吃到更不一
樣的米食料理。

南瓜茸味噌稀飯

材料

南瓜半顆，香菇丁10g，火腿丁10g，
蓮子20g，紅椒丁10g，青豆仁10g，
味噌50g，米1量杯，水2,500c.c。

作法

1.將南瓜去皮去籽刨成小片狀備用。

2.米洗淨後加水2,000c.c煮開至米粒半熟後，加入所有材料(除青豆仁)煮
沸轉中火續滾，餘500c.c的水加入味噌拌勻，倒入鍋中續煮至米粒全
熟至糊狀。熄火後灑上已汆燙好的青豆仁即可。

┌─ TIPS ─────────────────────

❶味噌本具鹹度，可適量加入微糖使口感平衡。

❷此道稀飯也可加入其他食材增添豐富性。

多彩飯

材料

白米2盒，水(可改以洛神花、薑黃汁、菠菜汁、紅蘿蔔汁、紫高麗菜汁、紅火龍果汁…等)，橄欖油適量。

作法

同一般米飯的煮法，唯色彩的搭配須事先煮好自己要的蔬果顏色，將米洗淨用濾網濾乾，再加上所需呈現的草本色系汁液，滴入適量的橄欖油，入電鍋蒸煮即是草本飯。

湯 品
Soup

讓鮮味滑進碗裡，

喝一口，

順著湯汁感受清爽洗禮。

香椰咖哩素雞湯

材料

素雞塊200g，素蝦2隻，蓮藕150g，紅蘿蔔100g，松子1大匙，腰果1大匙，水2,000c.c。

香料

香茅2株，老薑5片，檸檬葉6片，咖哩粉1大匙，椰粉1.5大匙。

調味料

鹽1/2小匙，香菇粉1/2小匙，糖1小匙。

作法

香料加水熬煮約40分，使香料成分釋放後，撈除香料渣。再將處理好、切塊狀的食材投入滾煮至熟，即可拌入調味料和松子。

TIPS

❶喜愛咖哩味道的朋友，可適量再加1大匙，以突顯咖哩風味。

❷椰粉經過滾煮後會呈現粒狀，有些人不喜歡入口的粒狀，可改由熄火前10秒投入或改為椰奶替代，但二種作法將呈現不同風味。

❸若想吃到油香味，素雞塊可先用少許油煎過。

甜菜根味噌湯

材料

甜菜根300g，味噌80g + 水2,000c.c，蒟蒻80g，鮮香菇2朵(切絲)，
青豆仁2大匙，芹菜末1小匙。

調味料

糖1小匙，香油1大匙。

作法

1. 甜菜根切片放入已調合味噌的水中，一起在鍋中煮沸，加糖後轉至中火煮約20分，湯汁呈現乳紅色。

2. 放入蒟蒻和鮮香菇絲煮滾後，放入汆燙後的青豆仁即可熄火。

南瓜茸雪丸湯

材料

手工湯圓半斤，南瓜1/3顆，水2,000c.c，
冰糖80-100g，日本太白粉2大匙。

作法

1. 手工湯圓入沸水煮至浮起約3-5分鐘後撈起，
   再泡水冰鎮保持Q度。

2. 南瓜去皮去籽後用刨刀刨成小片狀，加水煮
   約10分鐘，加入冰糖試甜度，再將日本太白
   粉稀釋緩緩拌入使成糊狀，最後放入冰鎮的
   湯圓即可。

─ TIPS ─

❶ 此道甜湯，適合再加
   入甜酒釀、桂花釀及
   香草夾，改變原風味
   口感，變得非常有異
   國風。

❷ 日本太白粉亦可由地
   瓜粉代替，需大火時
   緩緩加入湯汁，才不
   會濁。

素佛跳牆

材料

素雞丁80g，乾香菇5朵，芋頭80g，紅蘿蔔50g，素乾魚翅10g，金針菇半把，猴頭菇3-5顆，大白菜1/4顆，紅棗5-8顆，香菜2株，香草包1包(材料：月桂葉3-5片，肉桂，桂枝，花椒，小茴香)。

調味料

1.蔬菜粉1/2小匙，鹽1/2小匙，糖1小匙，高湯50c.c。
2.胡椒粉1/2小匙，香油1小匙，黑醋1小匙

作法

1.乾香菇泡開切成四等分，紅棗洗淨劃開，素魚翅泡開後瀝乾水分，紅蘿蔔、金針菇、大白菜分別切絲。
2.素雞丁、芋頭、猴頭菇及泡開的香菇都入油鍋煎至金黃。
3.準備一個盅，底部先放香草包，上放大白菜絲、紅蘿蔔絲、金針菇絲、素魚翅絲，上方再堆疊煎炒過的作法2和紅棗。倒入高湯和水淹過食材，糖和蔬菜粉也同時放入。
4.將盅口封上保鮮膜，放入電鍋蒸熟。起鍋時灑上香菜和調味料2即可食用。

TIPS

❶傳統的佛跳牆少了香草味，在此作法將讓您品嚐到臺灣式的異國風。

不一樣鹹菜湯

材料

香草包(材料：月桂葉3-5片，肉桂，桂枝，花椒，小茴香)，
素羊肉3塊，鹹菜2片，老薑3-5片，紅蘿蔔50g，豆皮1片，
筍片100g，糖15g，辣椒1條，高湯50c.c，水2,000c.c。

調味料

鹽1/2小匙，香菇粉1/2小匙，香油適量，黑胡椒1小匙。

作法

1.將鹹菜洗淨後與糖稍作醃漬，起油鍋拌炒老薑絲後，加水和高湯及香
　草滷包一起煮沸。

2.待整個鹹菜入味透出香味時續入豆皮、紅蘿蔔以及調味料即可食用。

TIPS

❶鹹菜一定要油才能去澀，若不加太多油，可省去鹹菜與老薑拌炒的
　手續，用豆皮的油份或添加香油都可以。

❷筍片可加可不加，但為了色澤，可適量加入。紅蘿蔔可作花朵的模
　型處理比較美觀。

九尾草素肉湯

材料

九尾草1大把，香菇3朵，杏鮑菇1條，
素羊肉100g，腰果50g，蓮子50g，水1,500c.c。

調味料

鹽1小匙，香菇粉1小匙。

TIPS

❶ 九尾草又名通天草，傳統市場裡很容易購得。

作法

1.九尾草加水熬煮約2小時，使九尾草的成分完全釋放。

2.香菇、杏鮑菇洗淨切塊，與素羊肉、腰果、蓮子、九尾草汁放在湯碗中入電鍋蒸煮，食用時加鹽、香菇粉即可。

點 心
Dessert

甜而不膩、鹹而不澀，

兩種口感在舌尖共舞，

原來點心也可以這麼繽紛。

香椿枸杞花茶

材料

香椿葉10片，菊花5-8朵，枸杞1大匙，冰糖1大匙，水400c.c.。

作法

將水煮開後放進香椿葉、枸杞、菊花，續煮約2分鐘加入冰糖使之溶化後熄火。燜5-10分鐘使其入味即可飲用。

肉桂奶香吐司

材料

全麥吐司或鮮奶吐司(去邊)5片，地瓜1大條，肉桂粉半茶匙，薑末1大匙，黑糖半茶匙，麵粉2茶匙，清水1茶匙，蛋黃1顆。

作法

1.吐司去邊備用。

2.將蒸熟的地瓜趁熱加肉桂粉和爆香過的薑末、黑糖，用力攪拌均勻。

3.用湯匙挖肉桂地瓜餡放在吐司片上，對角壓整，三角面用麵粉水封邊，再塗上蛋液，放入烤箱烤至上色即可食用。

4.點心趁熱最好吃，灑上肉桂粉，配上一杯奶茶是件超享受的事。

臺式摩摩喳喳

材料

西谷米50g，粉圓50g，紅豆50g，蓮子50g，
地瓜丁80g，芋頭丁80g。

湯汁

紅豆湯500c.c，椰奶200c.c，糖45g。

作法

1.分別將西谷米、粉圓泡煮開後沖冷開水備用。

2.紅豆、蓮子、地瓜丁、芋頭丁分別煮開並加微糖，再瀝湯汁分別放在碗中。

3.食用時集合所有材料，倒入已加糖的紅豆湯和椰奶，放入冰塊數顆即可。

― TIPS ―

❶什麼叫做摩摩喳喳？
即是各類粉製品和豆製
品，加上水果丁和椰
奶。因為國情的關係，
食材有異，但基本精神
不變。

甜菜根寒天酒凍

材料

甜菜根汁1,000c.c，紅酒50c.c，糖50g，寒天蒟蒻粉40g。

作法

1.將甜菜根入調理機打成汁，濾渣後取甜菜根汁1,000c.c。

2.甜菜根汁加糖入鍋中煮滾後熄火，淋上紅酒，拌入寒天蒟蒻粉均勻攪拌，倒入模型後待冷卻即可放入冰箱冷藏，食用前切塊即可。

橘香奶油凍

材料

茂谷8顆，奶油30g，糖55g，寒天蒟蒻粉43g。

調味料

荳蔻粉適量。

作法

1.茂谷去皮去籽後入調理機打成汁，倒入量杯，再加水滿位至 1,000c.c。

2.倒入雪平鍋，與奶油、糖一起熬煮至滾沸即可熄火，緩緩加 入寒天蒟蒻粉拌勻，倒入模型→冷卻→冷藏。

3.食用時先切塊，再用濾網將荳蔻粉均勻灑在凍品上即成。

TIPS

❶加上荳蔻粉，會增加凍品的香氣與享受異國風味，但不能 太多，會苦。

❷同時可加上奶油泡，增加趣味及幸福感，不過熱量高是缺 點。

泡菜捲餅

材料

春捲皮3張，泡菜200g，乾香菇6朵，
小黃瓜1條，素火腿80g，紅蘿蔔50g，
薑末1大匙，麵粉1大匙。

調味料

糖1大匙，鹽1/2小匙，醬油露2大匙。

作法

1.乾香菇泡軟後切絲，泡菜、小黃瓜、紅蘿蔔、素火腿均分別切絲。

2.油鍋爆香薑末和乾香菇絲，依序放入素火腿絲、紅蘿蔔絲和調味料拌炒均勻，最後放入小黃瓜絲翻炒數下即熄火。

3.桌上鋪春捲皮，將作法2之食材加上泡菜絲放置中間再包起來，封口黏上麵粉，放入油鍋炸至外皮金黃即可撈起瀝乾油分。食用前切段狀。

--- TIPS ---

❶泡菜為韓式料理重要的菜色，因此將泡菜作出不同的創意料理，是目前最流行的。

火腿起司派

材料

火腿片4片，起酥片2片，香菜葉適量，蘋果4條，
小黃瓜片4片，葡萄、蕃茄各2顆，牙籤4支。

調味料

荳蔻粉適量。

作法

1. 起酥片切半，蘋果沾上荳蔻粉。

2. 將起酥片攤平，放上火腿片、蘋果和香菜葉，包捲成圓筒狀，排入
   烤盤，放進預熱至190°C的烤箱烘烤成金黃色約15-20分後取出。

3. 每一捲起司上面可排小黃瓜和自己喜愛的水果，用牙籤將它插緊即
   可。

TIPS

❶ 用烤箱來製作點心是最方便的，香料葉和香料粉巧妙的搭入點心，
可以思考每次都用不同的材料來製作，創意無限。

咖哩素肉餃

材料

春捲皮3張，四季豆200g，紅蘿蔔1/3條，素火腿80g，乾香菇5朵，
荸薺5顆，麵粉糊適量。

調味料

1.咖哩粉1大匙，小茴香籽1小匙，肉桂粉1小匙，黑胡椒粉1/2小匙。
2.鹽1/2小匙，蔬菜粉1/2小匙。

作法

1.乾香菇泡軟後切丁，四季豆、紅蘿蔔、素火腿、荸薺分別切丁狀備
　用。
2.油鍋爆香乾香菇丁，倒入調味料1拌炒至香濃，加入其他食材和鹽炒
　熟使成為咖哩餃內餡。
3.春捲皮攤開，切割成長條型，塗上適量的麵粉糊，包入適量餡料，
　摺疊成三角形，並在接合處塗抹麵粉糊使定形；再放入熱油鍋中炸
　至金黃，撈出瀝油即可。

TIPS

❶如果不方便購買春捲皮，可用吐司壓平來替代春捲皮，烹調方式則
　改烤箱烘烤。

海苔三色捲

材料

吐司2片，海苔大張2片，紅色麵T絲，小黃瓜1條，紅蘿蔔半條，
素火腿1條，黑白芝麻各2大匙，麵粉糊，蔬菜油，紫蘇葉&薄荷葉數片。

作法

1.吐司去邊，用手壓一壓，海苔剪成和吐司一樣大小。

2.小黃瓜、紅蘿蔔和火腿切成1cm×10cm的長度各2條，紅蘿蔔預先熱水汆燙。
　麵粉加水(1:15)調成麵粉糊，黑白芝麻混合放在平盤中備用。

3.依序先將海苔上放吐司→紫蘇葉→小黃瓜→紅蘿蔔→火腿條和紅色麵T絲，
　捲起來後沾上麵粉糊來封口，再將海苔捲全部裹上麵粉糊，沾上黑白芝麻，
　放入油鍋炸至金黃即可撈起切塊食用。

香草果醬

Jelly jam

甜菜根撞上檸檬、鳳梨愛上八角、

打破框架的絕妙組合，

生命就該多一點美麗的意外。

甜菜根檸檬葉醬

材料

甜菜根250g + 水400c.c = 650c.c，百香果汁60c.c，紅酒50c.c，檸檬1顆，檸檬葉3大片，糖100g，麥芽70g，寒天蒟蒻粉8g。

作法

1. 甜菜根 + 水入調理機打成甜菜根汁約650c.c。

2. 甜菜根汁加糖、麥芽、百香果汁一起熬煮至濃稠，加入紅酒和檸檬葉續煮約10分，淋上檸檬汁，拌入寒天蒟蒻粉調勻即可。

3. 裝罐時撈除檸檬葉並封罐倒扣，隔天扶正瓶身放入冰箱即可。

甜菜根醬淋素牛排

材料

素排2片，甜菜根果醬。

調味料

粗顆粒黑胡椒。

醬汁

醬油1大匙，味醂1大匙，辣椒醬1大匙。

作法

1.將素排煎至兩面金黃放於盤中。

2.甜菜根果醬和醬汁材料調和後淋在素排上即可食用。

鳳梨八角醬

材料

鳳梨果肉600g，奇異果2顆，八角3顆，
檸檬汁1茶匙，糖100g，麥芽30g，
寒天蒟蒻粉10g。

TIPS

❶ 有顆粒的果醬在製作時
一定要動作輕柔，以防
糊化沒有顆粒感。

作法

1.奇異果去皮切薄片狀備用。

2.鳳梨加上八角打成粗汁狀，與奇異果片、檸檬汁、糖、麥芽
用中大火→中小火熬煮至透明狀後加入寒天蒟蒻粉攪拌均勻
即可趁熱裝瓶。

3.封蓋後倒扣是為瓶身殺菌及防止多餘空氣，翌日拿至冰箱冷
藏，15天內食用完畢。

鳳梨八角醬福袋

材料

1. 四方豆皮6個，水蓮菜6條。
2. 馬鈴薯半顆，素肉丁6顆，紅甜椒1/4顆，
   玉米粒1大匙，乾香菇3朵。

調味料

八角果醬2大匙，鹽1/2小匙，辣粉1/2小匙，
黑胡椒粉1/2小匙，香油1/2小匙。

TIPS

❶ 市場若無水蓮菜，可至雜貨店買瓠瓜絲來替代。

❷ 果醬可做甜點和鹹的料理變化，用途很大；最重要是自己做的，不加任何添加物。

作法

1. 水蓮菜氽燙完投入冰開水泡著。
2. 馬鈴薯、紅甜椒切細丁水煮至熟後瀝乾水分，乾香菇泡開後切小丁，與素肉丁(切細)一起入油鍋炒香，再與其他食材、調味料拌合均勻，裝入四方豆皮內，用水蓮菜綁緊即可擺盤。

香茅木瓜醬

材料

木瓜(去皮後)800g，香茅水200c.c，麥芽60g，糖100g，
香茅粉(或新鮮香茅2支)，寒天蒟蒻粉20g，檸檬汁(1顆量)。

作法

1. 香茅株加水400c.c熬煮剩至200c.c，與去皮去籽的木瓜入調理機打成汁，
   放入雪平鍋加上糖、麥芽、新鮮香茅一起熬煮至透明熟軟(需撈除浮沫)。
2. 收汁後除去香茅株，拌入寒天蒟蒻粉和檸檬汁，充分攪拌即可裝瓶→封
   蓋→倒扣，隔天瓶身扶正放入冰箱冷藏。

木瓜醬甜心麵包

材料

夾心麵包(沙拉用的麵包)2個，苜蓿芽1小撮，
漢堡葉2大片，杏仁片30g，馬鈴薯泥3大匙，
沙拉醬2大匙，素火腿片4片，水煮蛋1顆，
香茅木瓜醬2大匙。

作法

1. 夾心麵包中間放上洗乾淨並拭乾的漢堡葉，
   上鋪苜蓿芽備用。

2. 馬鈴薯泥與沙拉醬和勻後，加入2片素火腿
   (切丁，爆香後)拌勻，薄薄的鋪在苜蓿芽上方，
   依序疊上香茅木瓜醬、火腿片和水煮蛋，灑上烤
   香的杏仁片即可。

---TIPS---

❶ 喜歡水果風味，可適
當切些水果片。如：蕃
茄、香蕉、蘋果、鳳梨
等。搭配一杯牛奶或咖
啡，這是最棒的早餐或
下午茶。

薄荷奇異果醬

材料

奇異果800g，薄荷水200c.c，薄荷葉5株，麥芽100g，糖100g，
寒天蒟蒻粉25g。

作法

1. 薄荷葉熬煮後取汁200c.c，與去皮之奇異果入調理機打成泥汁，加上麥
   芽、糖、新鮮薄荷葉一起用中大火→中小火熬煮，熬煮過程需撈除浮沫。

2. 當汁液微收，呈現透明狀時，撈除薄荷葉，拌入寒天蒟蒻粉充分攪拌即可
   裝瓶→封蓋→倒扣，隔天瓶身扶正放入冰箱冷藏。

薄荷醬＆印度餅

材料

全麥粉500g（中筋麵粉450g ＋ 全麥粉50g），
冷水200c.c，鹽5g，奶油、手粉均適量。

作法

1. 全麥粉加鹽混合，注入冷水慢慢搓揉至麵
   糰，蓋上濕布15分使鬆弛。

2. 分成十等分，揉成小粉糰撲上手粉，再靜置5分鐘。

3. 將小粉糰碾成小圓片，放在預熱220˚C的烤箱烘烤5-6分
   鐘。食用時沾薄荷奇異果醬。

椰子醬

材料

椰肉600g，椰汁200c.c，椰奶200c.c，糖100g，麥芽50g，椰粉1.5大匙，
黑芝麻粒1小匙，寒天蒟蒻粉20g。

作法

1.椰粉、黑芝麻粒事先以乾鍋爆香備用。

2.將椰肉、椰汁、椰奶入調理機打成泥汁，加入糖、麥芽用中大火→中小火熬
煮至濃稠收汁，拌入寒天蒟蒻粉攪拌均勻，最後灑入作法1食材輕微攪拌，
即可裝瓶→封蓋→倒扣，隔天瓶身扶正放入冰箱冷藏。

甜椒果醬

材料

紅甜椒3顆，黃甜椒1大顆，牛蕃茄5顆，紅麥芽70g，糖100g，

辣椒粉1小匙，粗顆粒黑胡椒粉1小匙，檸檬汁(1顆量)，寒天蒟蒻粉20g。

作法

1. 紅、黃甜椒、牛蕃茄汆燙後去皮，黃甜椒2/3留下，其餘1/3與紅甜椒、牛蕃茄入調理機打成泥汁。入雪平鍋加上紅麥芽、糖及2/3黃甜椒(切丁狀)投入一起熬煮。

2. 邊煮邊撈除浮沫，用中小火控制火候至食材透明狀，放入辣椒粉和粗顆粒黑胡椒拌勻，最後拌入寒天蒟蒻粉、檸檬汁均勻攪拌即可裝瓶→封蓋→倒扣，隔天瓶身扶正放入冰箱冷藏。

國家圖書館出版品預行編目資料

異國風素食料理 / 蘇鼎雅 吳宜桓作 -- 初
版. -- 臺北市：二魚文化, 2010.08〔民
99〕面； 公分. (魔法廚房；M045)

ISBN 978-986-6490-36-1（平裝）

1.素食食譜

427.31　　　　　　　99011205

二魚文化　魔法廚房045

異國風 素食料理

作　　者　　蘇鼎雅　吳宜桓
攝　　影　　張志銘
責任編輯　　邱燕淇
美術設計　　黃書琦

出 版 者　　二魚文化事業有限公司
發 行 人　　謝秀麗
法律顧問　　林鈺雄法律事務所

社　　址　　106臺北市羅斯福路三段245號9樓之2
網　　址　　www.2-fishes.com
電　　話　　（02）2369-9022　傳真　（02）2369-8725
郵政劃撥帳號　19625599
劃撥戶名　　二魚文化事業有限公司

總 經 銷　　大和書報圖書股份有限公司
電　　話　　（02）8990-2588
傳　　真　　（02）2290-1658

初版一刷　　2010年8月
ISBN　　　　978-986-6490-36-1
定　　價　　300元

題字篆印／李蕭錕